"画" 说气象灾害防御那些事儿

"HUA" SHUO QIXIANG ZAIHAI FANGYU NAXIE SHIR

那些事儿

山西省气象局　编著

气象出版社
China Meteorological Press

图书在版编目（CIP）数据

"画"说气象灾害防御那些事儿 / 山西省气象局编
著. -- 北京：气象出版社，2019.9
ISBN 978-7-5029-7049-9

Ⅰ. ①画… Ⅱ. ①山… Ⅲ. ①气象灾害－灾害防治－
图解Ⅳ. ① P429-64

中国版本图书馆 CIP 数据核字（2019）第 201741 号

"画"说气象灾害防御那些事儿
"Hua" Shuo Qixiang Zaihai Fangyu Naxieshir

山西省气象局　编著

出版发行：气象出版社
地　　址：北京市海淀区中关村南大街 46 号　　邮　　编：100081
电　　话：010-68407112（总编室）　010-68408042（发行部）
网　　址：http://www.qxcbs.com　　　　　E-mail：qxcbs@cma.gov.cn
责任编辑：邵　华　王鸿雁　　　　　　　终　　审：吴晓鹏
责任校对：王丽梅　　　　　　　　　　　责任技编：赵相宁
封面设计：楠竹文化
印　　刷：北京地大彩印有限公司
开　　本：710mm×1000mm　1/16　　　印　　张：8
字　　数：96 千字
版　　次：2019 年 9 月第 1 版　　　　　印　　次：2019 年 9 月第 1 次印刷
定　　价：28.00 元

《"画"说气象灾害防御那些事儿》

编 委 会

顾　问：梁亚春　秦爱民　胡　博　刘凌河
　　　　王文义　李韬光　胡建军

主　编：付亚平　李　芳　付沅鑫　张向峰

编　委：王少俊　孙爱华　高红涛　张建新
　　　　郝孝智　李　琳

策　划：孙爱华

PREFACE

我国的气象灾害具有种类多、强度大、影响严重、持续时间长等特点。干旱、高温、台风、沙尘暴、寒潮、霜冻、暴雨、暴雪、雷电等各类易造成气象灾害的天气呈地域性普遍存在。这些天气造成的灾害对人们的生产、生活影响极大。在实际中，还经常会遇到多种天气事件并发的现象，更加剧了造成的损失。据统计，近三十年，全球86%的重大自然灾害、59%的因灾死亡、84%的经济损失和91%的保险损失都是由气象灾害及其衍生灾害造成的。

随着社会的快速发展，建筑、电力、通信、航空航天、交通、农业、工矿企业等承灾体逐渐增多，致灾因子也更加复杂，同样的气象灾害造成的损失较以往明显增多，防御气象灾害的难度、广度、深度也在显著增加，气象灾害造成的社会影响也更深远。在今后，这些情况的严重程度还将呈上升趋势。全社会都应该广泛关注气象灾害，全方位、多角度地共同参与和积极努力，通过普及气象灾害知识，提高个人防灾救灾意识，提升社会防御气象灾害的能力。只有做好了充分的准备，正确勇敢地面对气象灾害，才能在气象灾害来临时采取有效的防御措施，保卫人民生命财产安全，将损失降到最低。

面对国家经济社会发展对气象防灾减灾工作的迫切需求，为加强公众对气象灾害的认识，进一步提高公众避险自救的能力，作者采用漫画展示为主、语言描述为辅的方式编写了本书。本书内容形象生动、浅显易懂，全面系统地介绍了国内常见的十三种气象灾害的定义、分类、危害方式、防御措施等内容。作者自主创作的漫画主人公形象可爱有趣，当他遇到各种气象灾害时，总会有简单易行的办法来应对，以自己的亲身经历展示了各种气象灾害的危害和防范方法。新颖的漫画配上简洁的文字，更增加了本书的可读性和趣味性。

　　希望通过阅读本书，读者可以加深对气象灾害的认识理解，强化防灾减灾意识，学会基本的气象灾害防范方法，能沉着应对各种气象灾害。

山西省气象局总工程师

2019 年 5 月

CONTENTS

目 录

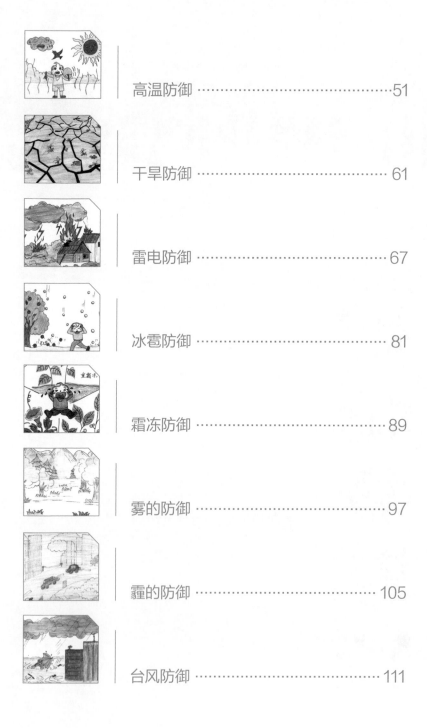

暴雨防御

一 什么是暴雨

暴雨是指短时间内产生较强降雨（12 小时降雨量≥30 毫米或 24 小时降雨量≥50 毫米）的天气现象。大雨、暴雨或持续降雨，会导致低洼地区发生洪涝灾害。

气象学上按 12 小时、24 小时两个时段的降水量划分降雨等级。当 12 小时降水量为 30.0 ～ 69.9 毫米或 24 小时降雨量为 50.0 ～ 99.9 毫米时，判定为暴雨；当 12 小时降水量为 70.0 ～ 139.9 毫米或 24 小时降雨量为 100.0 ～ 249.9 毫米时，判定为大暴雨；当 12 小时降雨量达到或超过 140.0 毫米或 24 小时降雨量达到或超过 250.0 毫米时，判定为特大暴雨。

二 暴雨会带来哪些危害

暴雨非常容易形成积水，造成涝害，对农业、林业和渔业等危害严重。陆生植物会因为长时间浸泡在水中导致根系缺氧，作物因而减产。

长时间的暴雨极易引发山洪、山体滑坡、泥石流等地质灾害，不仅给人民生命和财产安全造成严重威胁，还会导致水土流失，影响生态环境。

暴雨会造成江河泛滥、水库决堤，冲毁设施和道路，危害人民生命财产安全。

当雨量超过城镇排水能力时，容易造成城市内涝，对交通运输、工业生产、商业活动、市民日常生活等影响极大。

洪涝灾害后，水源极易受到严重污染，蚊虫和有害微生物滋生繁殖。如果缺乏必要的生活用水消毒措施，会造成各种传染病流行，给灾区带来更严重的衍生灾害。

山区暴雨极易引发洪水，会冲毁道路、桥梁、通信设施、电力设施、水利设施等公共设施，引起交通不畅、通信中断等严重后果，影响人民正常生活。

牲畜、水产等养殖场遭受暴雨，会导致天气阴冷、水源污染、食物缺乏等情况，这些情况易导致动物患病、死亡，给养殖户造成经济损失。

三 如何防范暴雨灾害

在雨季来临前，应检查加固房屋，维修房顶。暴雨将至，要提前收回露天晾晒物品。低洼处居民应在家门口放置挡水板、沙袋或堆砌土坎，防止雨水灌入。

随时关注天气预报，视情况停课或取消露天集体活动。雨季来临，要提前清理下水道，防止杂物、淤泥堆积，确保水道畅通。

处于危旧房屋或低洼地势住宅的群众要及时转移到安全地方，提防危旧房屋倒塌伤人。室外人员应停止田间农事活动、户外作业和户外活动，立即到地势高的地方或山洞暂避。

暴雨发生时，应将家中贵重物品放置于高处，认真排查电路等是否存在安全隐患。当积水漫入室内时，应立即切断电源，防止积水带电伤人。

在户外积水中行走时，要密切观察，尽可能贴近建筑物行走，防止跌入窨井、地坑、沟渠等。驾驶员遇到路面或立交桥下积水过深处时，尽量重新规划路线，切莫强行通过。当汽车在低洼处熄火时，人千万不能在车内停留，要尽快下车到高处等待救援。

暴雨多发季节，要随时关注天气预报，合理安排生产活动和出行计划。暴雨来临时，山区要注意防范泥石流、山体滑坡等地质灾害，人员尽量远离危险山体。当发现上游来水突然浑浊、水位上涨较快时需要特别注意。千万不能沿河道方向逃生，应该向与河道垂直的上坡处逃跑。

如果已被洪水包围或洪水继续上涨，立即发出求救信号，积极寻求救援。当暂避的地方已处于危险时，千万不要贪恋财物，要尽快撤到楼顶避险，或者利用准备好的救生器材迅速逃生。如若没有专业救生器材，可充分利用现场材料，找一些门板、桌椅、木床或大块的泡沫塑料等能漂浮的材料扎成筏逃生。

　　暴雨发生时不能爬到泥坯房的屋顶避险。不要在下大雨时骑自行车，也不要游泳逃生，更不可攀爬带电的电线杆、铁塔。发现高压线铁塔倾斜或者电线断头下垂时，一定要迅速远避。

　　洪涝灾害过后，要及时清理路边淤泥、垃圾，做好各项卫生防疫工作，预防疫病的流行。

四 暴雨预警信号

暴雨预警信号分四级，分别以蓝色、黄色、橙色、红色表示。

（一）暴雨蓝色预警信号

标准：12小时内降雨量将达50毫米以上，或者已达50毫米以上且降雨可能持续。

（二）暴雨黄色预警信号

标准：6小时内降雨量将达50毫米以上，或者已达50毫米以上且降雨可能持续。

（三）暴雨橙色预警信号

标准：3小时内降雨量将达50毫米以上，或者已达50毫米以上且降雨可能持续。

（四）暴雨红色预警信号

标准：3小时内降雨量将达100毫米以上，或者已达100毫米以上且降雨可能持续。

暴雪防御

一 什么是暴雪

对暴雪的判断也是有 12 小时和 24 小时两种不同的标准。12 小时降雪量（融化成水）超过或等于 6 毫米的降雪就被称为暴雪。24 小时降雪量超过或等于 10 毫米的降雪，或 24 小时雨夹雪的降水量超过或等于 10 毫米，并且积雪深度不小于 50 毫米的持续降雪亦是暴雪。

二 暴雪会带来哪些危害

大多数降雪是无害的，只有在一定条件下才能致灾。

最常见的雪灾是由大量雪团或雪花堆积的积雪造成的。

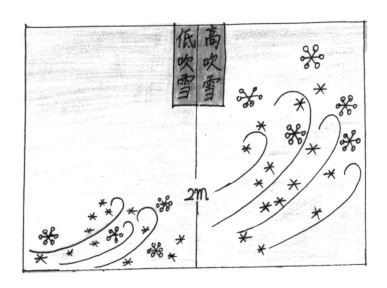

由气流挟带起分散的雪粒在近地面附近飞扬的情况称为风吹雪。吹扬高度超过2米，水平能见度小于10千米的高吹雪对人类活动有较大的危害性。

大量的雪被强风卷着随风运行，水平能见度小于1千米的天气现象称为雪暴，俗称暴风雪。急风骤雪使人睁不开眼睛，难辨方向，不能判定当时是否有降雪。

　　当积雪堆积、失去重力平衡时，外力很容易导致大规模雪体崩塌，这种雪体滑塌现象称作雪崩。

　　南方和北方积雪的含水量有所不同。同样厚度的雪，南方积雪含水量较高，与北方积雪相比较要更重一些。而且湿雪的黏性也更大，更易吸附在树枝、电线上，对建筑物、植物等产生的威胁更为严重。

　　深厚的积雪会使蔬菜大棚、房屋等被压垮，农作物、树木和通信、输电线路等被压断；道路被积雪掩埋，导致公路、铁路、航空等交通运输受到很大影响。在牧区，冬季草场积雪过深，会导致牲畜觅食困难而饥饿，再加上受冻或染病，可能发生大量死亡。

　　雪暴和风吹雪造成的低能见度对冬季的道路交通影响巨大，会使行人迷失方向，交通中断，牧区草场被掩埋，畜群被吹散或死伤。

雪崩能引起山体滑坡、山崩等可怕的灾害，能摧毁大片森林，掩埋房舍、交通线路、通信设施和车辆，甚至能堵截河流，导致临时性的涨水。

三 如何防范暴雪灾害

冬季来临前，大棚蔬菜和在地越冬作物要及早采取有效防冻措施，加强对农作物的管理，抵御低温侵袭。雪后应及时清除大棚上的积雪，做好降湿排涝工作。

在入冬前要备足草料，及时加固牲畜栏舍，防止被积雪压垮。利用避风、向阳、干燥的地形，垒筑防风墙、防雪墙，尽可能做到避寒防冻，以减轻暴风雪的危害。

必要时，交通部门要关闭公路和机场，铁路和水路停运，防止发生交通事故。电力部门要加强线路巡查，及时消除电线积冰，避免压断电线，影响供电。

随时关注天气预报。避免风雪天气时在不结实的建筑物、屋檐、广告牌或树下行走，尽量避免冒雪出行，驾驶员要小心驾驶，主动停车避让。高速公路和城市市区降雪后应及时播撒路面融雪剂，清除路面积雪。

四 暴雪预警信号

暴雪预警信号分四级，分别以蓝色、黄色、橙色、红色表示。

（一）暴雪蓝色预警信号

标准：12小时内降雪量将达4毫米以上，或者已达4毫米以上且降雪持续，可能对交通或者农牧业有影响。

（二）暴雪黄色预警信号

标准：12小时内降雪量将达6毫米以上，或者已达6毫米以上且降雪持续，可能对交通或者农牧业有影响。

（三）暴雪橙色预警信号

标准：6小时内降雪量将达10毫米以上，或者已达10毫米以上且降雪持续，可能或者已经对交通或者农牧业有较大影响。

（四）暴雪红色预警信号

标准：6小时内降雪量将达15毫米以上，或者已达15毫米以上且降雪持续，可能或者已经对交通或者农牧业有较大影响。

寒潮防御

一 什么是寒潮

寒潮是指极地或高纬度地区的强冷空气大规模向中、低纬度侵袭，造成大范围急剧降温和偏北大风的天气过程，是秋末、冬季和初春时节经常发生的灾害性天气。寒潮天气也被称为寒流，常常伴随大风、雨、雪和冰冻现象。

二 寒潮会带来哪些危害

寒潮会带来大风和降温，降温幅度可以达到10 ℃甚至20 ℃以上，会造成农作物冻害。

寒潮引发的冻雨会使输电和通信线路上积冰，加上风吹震荡，极易压断线路，倾倒电线杆，造成输电、通信中断。

寒潮常常伴随着雨、雪、大风天气，致使能见度降低，道路表面结冰积雪，严重影响公路、铁路交通安全。

寒潮带来的大风容易引起起降飞机轮胎爆裂和起落架折断，同时起降跑道上积雪、结冰和航线上能见度降低，也会有碍飞机起降，影响空中交通安全。

寒潮大风到达海上时，风力一般会比陆地上大，甚至造成海上风暴潮，形成数米高的巨浪，海上航运常常会受此影响，被迫停航。

寒潮天气容易引发感冒、气管炎、冠心病、中风、哮喘、心绞痛等疾病，还会使这些疾病患者的病情加重。

三 如何防范寒潮带来的危害

寒潮来临，应及时加固农业棚架设施，同时加盖草帘、棉垫等保温材料，注意清沟排渍，防止积水结冰加重冻害。

禽畜、水产养殖场要及时调控棚内温、湿度，适量减少食物投放量，做好防寒保温工作。

气象、海洋、交通、农业、渔业等相关部门要加强应急联动，共同做好寒潮灾害防御工作。

寒潮天气来临，要注意添衣保暖，外出当心积雪结冰。老弱病人尽量不要外出。

对于苗木植物，可以使用草绳、草帘、席子等保温材料包裹树干，有些矮秆植物可以直接用沙土或草木灰掩埋，以此来抵御寒潮。

四 寒潮和道路结冰预警信号

寒潮预警信号分四级，分别以蓝色、黄色、橙色、红色表示。

（一）寒潮蓝色预警信号

标准：48 小时内最低气温将要下降 8 ℃以上，最低气温小于或等于 4 ℃，陆地平均风力可达 5 级以上；或者已经下降 8 ℃以上，最低气温小于或等于 4 ℃，平均风力达 5 级以上，并可能持续。

（二）寒潮黄色预警信号

标准：24 小时内最低气温将要下降 10 ℃以上，最低气温小于或等于 4 ℃，陆地平均风力可达 6 级以上；或者已经下降 10 ℃以上，最低气温小于或等于 4 ℃，平均风力达 6 级以上，并可能持续。

（三）寒潮橙色预警信号

标准：24 小时内最低气温将要下降 12 ℃以上，最低气温小于或等于 0 ℃，陆地平均风力可达 6 级以上；或者已经下降 12 ℃以上，最低气温小于或等于 0 ℃，平均风力达 6 级以上，并可能持续。

（四）寒潮红色预警信号

标准：24 小时内最低气温将要下降 16 ℃以上，最低气温小于或等于 0 ℃，陆地平均风力可达 6 级以上；或者已经下降 16 ℃以上，最低气温小于或等于 0 ℃，平均风力达 6 级以上，并可能持续。

道路结冰预警信号分三级，分别以黄色、橙色、红色表示。

（一）道路结冰黄色预警信号

标准：当路表温度低于0℃，出现降水，12小时内可能出现对交通有影响的道路结冰。

（二）道路结冰橙色预警信号

标准：当路表温度低于0℃，出现降水，6小时内可能出现对交通有较大影响的道路结冰。

（三）道路结冰红色预警信号

标准：当路表温度低于0℃，出现降水，2小时内可能出现或者已经出现对交通有很大影响的道路结冰。

大风防御

什么是大风

空气流动即为风。在气象学中，风指空气相对于地面的水平运动，通常用风向和风速（或风力）来表示风吹来的方向和空气水平运动的速度。当瞬时风速≥17.2米/秒，即风力达到8级以上时，就称作大风。

生活中的风来自四面八方，有时和风徐徐，有时狂风大作，通常我们用风矢来记录风。风矢由风羽和风向杆组成。风向杆可以指示出风的来向，风向的八个方位分别是：北、东北、东、东南、南、西南、西、西北。风向杆末端右侧的风羽则用来指示风的速度，小三角表示20米/秒，长划线表示4米/秒，短划线表示2米/秒。

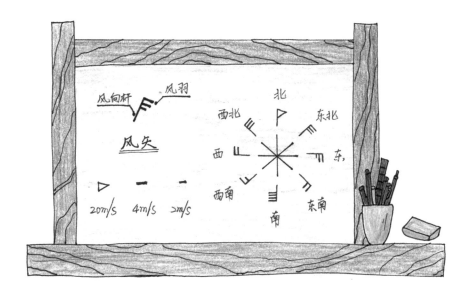

二 大风会带来哪些危害

大风带走沙土和低矮植被，毁坏农田，导致土地沙化。高空风可以为长距离迁飞害虫提供有利传播的气象条件，加速植物病虫害蔓延。

大风对农作物损伤严重。大风过境常常造成植物折枝损叶、倒伏断根、落花落果、授粉不良等机械性损伤。大风天气使农作物水分蒸腾加大，植株因失水凋萎而造成生理损害。北方早春的大风，常使树木出现偏冠和偏心现象。

大风天气使牧草产量和质量下降，影响畜群正常采食。连续大风更会使畜群的整体体质下降，抵抗疫病的能力降低。冬春季的大风天气，气温骤降，幼弱牲畜互相拥挤取暖，容易因挤压造成死伤。

大风会加剧其他自然灾害（干旱、雷雨、冰覆、盐渍化、荒漠化等）的危害程度，如：大风会促使半固定沙丘活化和流动沙丘移动，导致荒漠化进程加快；雷雨时常伴随大风，瞬时风力可达 9 ～ 10 级，狂风暴雨往往会造成灾害。

强劲的大风会吹倒、刮落活动搭建物、广告牌、塑料大棚、线塔等不牢固物体，通信、电力设备和农业、渔业设施因此受损，造成财产损失和人员伤亡的事件时有发生。

大风还容易造成行进中的汽车失控、火车脱轨、船只颠覆，甚至还会影响飞机正常起降，给人类活动带来极大威胁。

三 如何防范大风灾害

在室外要远离广告牌、临时搭建物、树木等危险地带，尽快进入室内避风。出行尽量不要步行或骑自行车，驾驶汽车应减速慢行，如需停车，要将车驶入地下停车场或避风处。

大风来临前及时加固农业生产设施、广告牌架、室外装饰等活动搭建物，用防风布遮盖沙堆等容易被吹散的物品。已成熟的农作物尽快抢收。

　　大风来临时应尽可能待在可靠的建筑物内，立刻停止高空作业和水面作业，船舶要立刻回港避风，帆船应尽早放下船帆，妥善停靠。

在房间里要关好窗户，断开电源、燃气。有条件时可以在窗户玻璃四周贴上胶布防沙；远离窗口，以免强风席卷沙石击破玻璃伤人。

如果在野外遇到大风，千万不能在风中奔跑和骑车，这样容易身不由己，失去控制。应该远离水面，系好衣扣，弯腰或推着自行车慢慢前行，寻找山洞或低洼背风处暂时躲避。

四 大风预警信号

大风（除台风外）预警信号分四级，分别以蓝色、黄色、橙色、红色表示。

（一）大风蓝色预警信号

标准：24小时内可能受大风影响，平均风力可达6级以上，或者阵风7级以上；或者已经受大风影响，平均风力为6～7级，或者阵风7～8级并可能持续。

（二）大风黄色预警信号

标准：12小时内可能受大风影响，平均风力可达8级以上，或者阵风9级以上；或者已经受大风影响，平均风力为8～9级，或者阵风9～10级并可能持续。

（三）大风橙色预警信号

标准：6小时内可能受大风影响，平均风力可达10级以上，或者阵风11级以上；或者已经受大风影响，平均风力为10～11级，或者阵风11～12级并可能持续。

（四）大风红色预警信号

标准：6小时内可能受大风影响，平均风力可达12级以上，或者阵风13级以上；或者已经受大风影响，平均风力为12级以上，或者阵风13级以上并可能持续。

沙尘暴防御

一 什么是沙尘暴

沙尘天气是风将地面尘土、沙粒卷入空中，使空气混浊的天气现象统称。根据水平能见度，我们将沙尘天气分为浮尘、扬沙、沙尘暴、强沙尘暴和特强沙尘暴五个等级。

浮尘：这是一种当天无风或平均风速不超过 3.0 米 / 秒，尘土或沙粒浮游在空中，水平能见度小于 10 千米的天气现象。

扬沙：这是一种风将地面沙尘吹起，使空气相当混浊，水平能见度在 1 ～ 10 千米的天气现象。

沙尘暴：这是一种强风将地面沙尘吹起，使空气很混浊，水平能见度小于 1 千米的天气现象。

强沙尘暴：这是一种大风将地面沙尘吹起，使空气非常混浊，水平能见度不足 500 米的天气现象。

特强沙尘暴：这是一种狂风将地面沙尘吹起，使空气特别混浊，水平能见度不足 50 米的天气现象。

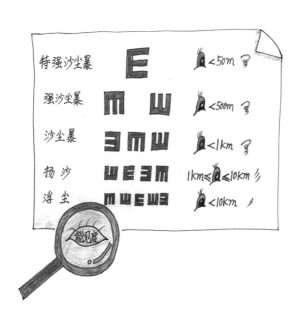

二 沙尘暴有哪些危害

强风卷裹着大量沙尘遮天蔽日，浮尘四处弥漫，大气中可吸入颗粒物增加，同时混浊的空气携带有大量的有害物质和病菌，容易引发各种疾病。

沙尘暴的强风使沙尘源区的地表土壤细粒流失，沙丘移动，加剧土壤沙化，受影响的植被因为叶面上厚厚的沙尘，光合作用受影响，作物会减产甚至死亡。

沙尘暴天气时能见度不足，飞机不能正常起飞、降落，火车和汽车等交通也会因此受到影响。

漫天的沙粒使太阳辐射减少，大量沙尘堆积，幼苗、种子和沃土被吹走，影响植株正常生长。阴沉的天气还会影响人的心情，大气污染会加重人畜患病的危险。

三 如何防范沙尘暴灾害

我们要加强环境保护，恢复林草植被覆盖，减轻人为因素对植被的破坏，防止土地沙化，建立防治沙尘暴的生物防护体系，完善区域综合防御体系。

发生沙尘暴时应及时关闭门窗，可以用胶条对门窗缝隙进行密封处理。室外易损设备要采取加盖防尘措施。

　　沙尘暴天气建议减少室外活动，外出时要戴口罩或用纱巾蒙头防护。行人及车辆要特别注意交通安全，密切关注路况，听从交警指挥。

四　**沙尘暴预警信号**

沙尘暴预警信号分三级，分别以黄色、橙色、红色表示。

（一）沙尘暴黄色预警信号

标准：12 小时内可能出现沙尘暴天气（能见度小于 1000 米），或者已经出现沙尘暴天气并可能持续。

（二）沙尘暴橙色预警信号

标准：6小时内可能出现强沙尘暴天气（能见度小于500米），或者已经出现强沙尘暴天气并可能持续。

（三）沙尘暴红色预警信号

标准：6小时内可能出现特强沙尘暴天气（能见度小于50米），或者已经出现特强沙尘暴天气并可能持续。

高温防御

一 什么是高温

在气象学中规定,当日最高气温达到或超过 35 ℃时,我们称这样的天气为高温天气。

近地面温度图上可以反映出,城市周边的郊区气温较低,而中心区域则是高温区,这种城市中的气温明显高于外围郊区的现象就是城市热岛效应。

　　长时间持续高温天气称之为高温热浪。高温热浪是一种动植物都不能适应的气象灾害。目前国际上还没有统一的高温热浪标准。世界气象组织（WMO）建议：日最高气温高于 32 ℃，且持续 3 天以上的天气过程为高温热浪。我国气象上将连续 3 天以上最高气温达到 35 ℃及以上，或连续 2 天最高气温达到 35 ℃及以上并有 1 天最高气温达到 38 ℃及以上的天气过程称为高温热浪。荷兰皇家气象研究所规定：日最高气温高于 25 ℃且持续 5 天以上（其间至少有 3 天高于 30 ℃）的天气过程为高温热浪。

　　我们根据日最高气温，将高温分为三个等级。连续三天日最高气温达到或超过 35 ℃为Ⅲ级高温天气；24 小时内日最高气温达到或超过 37 ℃为Ⅱ级高温天气；24 小时内日最高气温达到或超过 40 ℃为Ⅰ级高温天气。与本节最后一部分"高温预警信号"对应。

高温天气中，气温高而湿度小的情况叫做干热性高温。

高温天气中，气温高而湿度大的情况叫做闷热性高温，也就是大家常说的"桑拿天"。

二　高温有哪些危害

高温热浪使人们的生理、心理不能适应，容易诱发中暑、心脑血管、肠道等疾病。长时间吹空调还会引起空调综合征。

由于防暑降温使水电需求量大增，致使水电供应紧张，故障易发。持续的高温少雨，一些燃点低的物质还容易引发自燃性火灾。

高温加剧土壤水分蒸发和农作物蒸腾作用，致使农作物发育受阻，加速旱情发展，给农业生产造成较大影响。

三 高温天气如何照顾自己

高温天气最好选择宽松透气衣物，饮食宜清淡，适量饮用凉茶、绿豆汤等清凉解暑饮品，但不宜过度食用冷饮。

尽可能避免在烈日下从事户外活动，不要在太阳下长时间暴晒。满身大汗时不能立即洗冷水澡或在空调下直吹。不宜在树下、阳台或露天睡觉。

四 **高温预警信号**

高温预警信号分三级，分别以黄色、橙色、红色表示。

（一）高温黄色预警信号

标准：连续三天日最高气温将在 35 ℃以上。

（二）高温橙色预警信号

标准：24 小时内最高气温将升至 37 ℃以上。

（三）高温红色预警信号

标准：24 小时内最高气温将升至 40 ℃以上。

干旱防御

一 什么是干旱

干旱是指由水分收支或供求不平衡而造成的持续水分短缺现象。干旱灾害则是偶发性的自然灾害，指在较长时间内，因为降水严重不足，土壤因为蒸发而水分亏损，河川流量减少，给作物生长和人类活动造成较大危害的现象。

根据受损对象不同，可以将干旱分为四种：以降水量为指标的气象干旱，以土壤湿度为指标的农业干旱，以河道径流量、水库蓄水量和地下水位值为指标的水文干旱，以水资源供需关系为指标的社会经济干旱。

　　根据灾害发生时期不同，可以将干旱分为五类：每年3—5月发生的春旱，危害各类农作物播种、发芽、移栽及花期和叶芽期生长；每年6—8月发生的夏旱以及每年7—8月发生的伏旱，危害大部分农作物生长发育，造成经济作物落花落果，甚至发生干枯现象，造成严重减产；每年9—11月发生的秋旱，影响晚秋作物灌浆和牧草成熟；每年12月至翌年2月发生的冬旱，影响冬小麦越冬，加剧森林火灾危险。

二　干旱会造成哪些危害

　　干旱影响作物生长，造成粮食减产，牧草品质下降，影响畜牧业发展。

干旱造成土壤失墒严重，河流径流量减少，地下水位下降，草场植被退化，加剧土地沙化，同时还容易引发森林火灾和作物病虫害。

受干旱影响，各种农产品产量下降，直接影响到食品加工等行业的正常运行，导致市场物价波动，制约社会经济发展。

三　如何防范干旱灾害

在农村要广泛开辟抗旱水源，修建集雨窖等水利设施，积极组织，适时开展人工增雨作业，科学调度用水，推广喷灌、滴灌等节水灌溉方法。

城市要统一调度用水，居民要注意节约用水，倡导水循环利用，最大限度保障城市经济社会的可持续发展。

四 干旱预警信号

干旱预警信号分二级，分别以橙色、红色表示。干旱指标等级划分，以国家标准《气象干旱等级》（GB/T 20481—2006）中的综合气象干旱指数为标准。

（一）干旱橙色预警信号

标准：预计未来一周综合气象干旱指数达到重旱（气象干旱为 25～50 年一遇），或者某一县（区）有 40% 以上的农作物受旱。

（二）干旱红色预警信号

标准：预计未来一周综合气象干旱指数达到特旱（气象干旱为 50 年以上一遇），或者某一县（区）有 60% 以上的农作物受旱。

雷电防御

一 什么是雷电

雷电是在一种雷暴天气条件下发生的电闪和雷鸣的大气放电现象，常常有短时大风、暴雨、冰雹，甚至龙卷等强对流天气伴随出现。

雷电产生于对流旺盛的积雨云中，根据放电现象发生的空间位置不同，可以分为：云内闪、云地闪和云际闪三种。其中发生在积雨云与地面物体间的云地闪对我们的生产生活威胁最大。

由于闪电形成的天气条件各不相同，生成的闪电形态各异，一般有线状闪电、片状闪电、串珠状闪电和球状闪电。球状闪电发生的概率较小，但危害非常大。

除了常见的闪电形态，还有一些特殊的闪电也时有发生，如发生在火山喷发时的闪电、发生在强风暴中心的闪电、发生在金属物体尖端的无声闪电等。

二 雷电会带来哪些危害

当闪电击中物体时，瞬间有很大的雷电电流通过金属物体，能产生强大的雷电流，或者雷电流注入树木、建筑构件等良好导体时内部产生内压力，都会对被雷击物体造成严重的机械损害。

雷暴特别是干雷暴，遇到高温、干旱、大风等天气因素，一旦发生雷击，极易引发火灾事故。闪电常常伴有短时强降雨，如果有效的降水量太小，不能熄灭火源，这时着火点就会快速蔓延，后果极其严重。

架空线路、金属管道直接遭受雷击，或在雷雨云、雷击点附近导体感应产生高电压，都会形成感应电流沿着导线或管道传导，这类静电感应和电磁感应会致使设备损坏，甚至发生火灾。

　　飞机在空中飞行过程中，由于自身会导致电场变化，促使放电现象，所以大部分飞机雷击事故都是由飞机触发的。即便是发生雷电击中飞机的事故，飞机的金属外壳也会起到良好的屏蔽作用，能够保护到内部人员和设备安全，一般也不会导致灾难性的后果，但强烈的雷电流和电磁辐射仍然会使金属熔化，外露天线受到损害。

　　物体被雷电击中后，会呈现高电位状态，具有良好的导电性的人畜如果接触到这些带电物体，雷电流会瞬间经过人畜体表泄放入地，给人畜造成严重的电击伤。

落雷点周围会产生强大的瞬变电场,当电场足够大时,其附近的空气被击穿,闪击到附近导电物或者人畜身上。雷电流泄入大地的瞬间,会因为土壤电阻的存在,而在地面的不同位置上产生电压。如果人畜的四肢处于不同电压位置上,也会有电流通过,造成伤害。

三 如何防范雷电灾害

狂风大作、暴雨倾盆、乌云密布,常常是雷暴将至的征兆。可是如何判断雷电离我们的距离呢?我们都知道,因为光的传播速度大约是声音传播速度的一百万倍,所以闪电与其发出的雷声之间有一段时间差。若看到闪电 5 秒后听到雷声,表示雷击发生在距离约 1.5 千米处;若时间差仅有 1 秒,也就是一眨眼的功夫就听见雷声了,表明雷击位置就在 300 米附近了。在雷雨天气里,可以比较每次闪电与雷声发生的时间差,来判断雷暴正在远离还是越来越近了。

另外，还有一些简单的判断方法。雷电临近时，电子器件会提前发出"信号"。比如收音机里传出刺耳的"呲呲啦啦"声；或者是感觉到身体有麻痒感觉，头发立起来。当这些现象出现时，你就要小心雷电临近了。

雷雨来临，要迅速躲入有防雷保护装置的建筑物内，不要在山顶、建筑物顶或空旷场所停留，在旷野、水面无处躲避时，要尽快找山洞或低洼处，双腿并拢、抱膝蹲下，或者进入车辆、船舱暂避。如急需赶路时，要穿着不浸水的雨衣，小步慢行。遇到球形雷时，一定不要惊慌跑动，以免引起球形雷跟随气流飘动。

雷雨天气如果在室内，应立即关闭门窗，防止侧击雷和球形雷侵入。建议尽快关掉电器，拔掉电源、网络、有线电视等从室外引入的线缆插头，远离暖气、燃气管道、水管等金属物。

雷雨天气尽量不要使用水龙头、太阳能淋浴设备。一般太阳能热水器需要采取必要的防雷措施，在遭遇雷击后，雷电流才能顺利泄放，避免对人或物造成伤害。

　　室外遇到雷电天气，千万不能在孤立的大树、烟囱、电线杆、高大建筑以及接闪器、引下线等防雷装置下停留，不要进入没有防雷设施的亭台、棚架下躲雨，尽可能不要在室外使用手机、电脑等电子产品。人多时，千万不能集中在一起或手拉手紧靠在一起，相互间要保持安全距离。

在野外或空旷场地遇到雷电时，要远离水面和水陆交界处，切勿从事游泳、垂钓、划船、水田插秧等水上活动，也不要进行骑车、跑步、爬山、打球等运动。不能把钓鱼杆、雨伞、锄头等器具扛在肩上，身上的首饰、钥匙、发卡等金属物也要及时摘下，放到安全距离之外。

　　直击雷防护主要是在被保护设备或建筑物周围安装接闪装置，并将接闪器用引下线与接地装置良好连接，形成一套完整的直击雷防护装置。

　　为防止雷电电磁感应，对电磁脉冲敏感的精密设备应采用金属壳或金属网进行完善的屏蔽。为防止雷电波侵入，引入室内的电源线、电话线、信号线等各类线缆均应作埋地屏蔽处理。还应该在电源及信号线的进线处安装相应的浪涌保护器加以保护。

　　长距离传输的高压电力线路应在输电线缆上方架设接闪线，并有良好接地处理，以防止雷电直接击中输电线。

　　防御雷电反击，在需要保护的局部空间内，所有不带电的金属体都应该与等电位装置可靠连接，保证良好的电气通路，这样在其中某一部位产生高电压时，才不会与其他部位产生危险的电位差。

四 雷电预警信号

雷电预警信号分三级，分别以黄色、橙色、红色表示。

（一）雷电黄色预警信号

标准：6小时内可能发生雷电活动，可能会造成雷电灾害事故。

（二）雷电橙色预警信号

标准：2小时内发生雷电活动的可能性很大，或者已经受雷电活动影响，且可能持续，出现雷电灾害事故的可能性比较大。

（三）雷电红色预警信号

标准：2小时内发生雷电活动的可能性非常大，或者已经有强烈的雷电活动发生，且可能持续，出现雷电灾害事故的可能性非常大。

冰雹防御

一 什么是冰雹

冰雹，俗称雹或雹子。这是一种春、夏、秋三季从积雨云中降下的固态降水。冰雹形状各异，大小不一，直径一般在 5 ～ 50 毫米，也有大的可以达到 10 厘米以上，冰雹直径越大，破坏力越大，对农作物、人畜的威胁也就越大，是一种严重的自然灾害。

冰雹形成在发展强盛的冰雹云中。这种云一般分为三层：最下面一层由水滴组成，温度在 0 ℃以上；中间一层由过冷却水滴、冰晶和雪花组成，温度在 –20 ～ 0 ℃；最上面一层基本上都是由冰晶和雪花组成，温度在 –20 ℃以下。

在冰雹云中，云下部水滴被强上升气流带到云中上层，水滴变冷，很快凝固成小冰晶。小冰晶开始下降，这个过程中，与过冷水滴碰撞，小冰晶身上冻结出一层不透明的冰核。于是，冰雹胚胎形成了。由于冰雹云中气流变化非常剧烈，冰雹胚胎这样一次又一次地在云中上下翻滚着，一次又一次附着过冷水滴，滚雪球似的越来越大。一旦重得云中上升气流不足以支撑它时，它就从云中落下，成了百姓口中的"下雹"了。

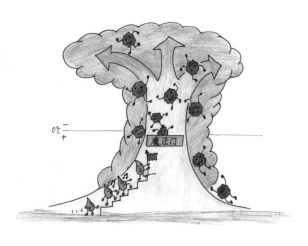

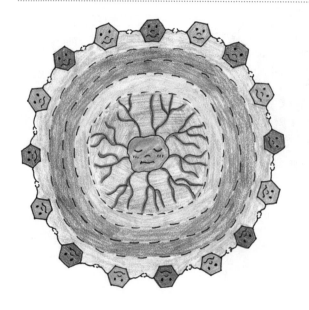

每个雹块大小不均等，形状不规则，表面有的光滑圆润，有的凹凸不平，但都有一个白色不透明（偶尔也会有透明）的、分辨明显的生长中心——雹胚。雹胚外包有4～5层透明冰层，或是由透明冰层和不透明冰层相间包裹。

气象学根据每一次降雹过程中大多数雹块的直径、降雹累计时间和积雹厚度，将冰雹分为了三级。

1. 轻雹：多数冰雹直径不足 0.5 厘米，累计降雹时间不足 10 分钟，地面积雹厚度不足 2 厘米。

2. 中雹：多数冰雹直径在 0.5～2 厘米，累计降雹时间 10～30 分钟，地面积雹厚度为 2～5 厘米。

3. 重雹：多数冰雹直径在 2 厘米以上，累计降雹时间达 30 分钟以上，地面积雹厚度达 5 厘米以上。

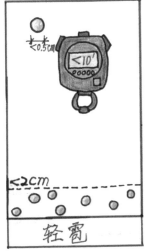

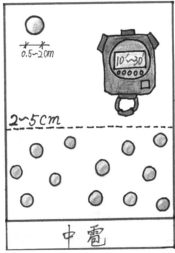

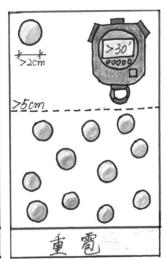

二 冰雹有哪些危害

冰雹对农牧业的危害极大。雹块砸毁农田果园，降低农产品产量，影响农产品品质。同时，雹块还会威胁人畜安全，严重的雹灾甚至会造成伤亡事故。

冰雹常常伴随狂风暴雨、电闪雷鸣、急剧降温等突发性灾害天气，对交通运输、通信传输、电力线路以及建筑物安全都有不同程度的危害。

三 如何防范冰雹灾害

我国是世界上开展人工防雹作业较早的国家之一，目前技术成熟可靠、效果及时明显、最常采用的是爆炸和催化两种方法。爆炸方法是用高射炮、火箭等轰击冰雹云中部和下部，利用炮弹爆炸所造成的强大冲击波，破坏云中上升气流运动，抑制冰雹云继续发展，迫使其消散。

催化方法是用高射炮、火箭或飞机将作为催化剂使用的碘化银粒子播撒到冰雹云中部的过冷却区域，人工形成的雹胚和自然雹胚争夺云中水分，从而抑制雹块长大，拖延雹块增长时间，以达到防雹的目的。

冰雹来临前，要将家禽牲畜圈养在有顶棚遮盖的安全场所内，及时抢收成熟作物。冰雹来临时用草帘掩盖农作物。有条件的农户可以选择种植抗雹能力强的农作物。

遇到冰雹时，户外人员要及时撤离露天场所，躲避到安全地带，关闭门窗，以防被砸伤。

随时关注天气预报。在冰雹来临前，户外停放的车辆和其他易受损财物，应及时转移到地下车库或加以妥善保护。

四 冰雹预警信号

冰雹预警信号分二级，分别以橙色、红色表示。

（一）冰雹橙色预警信号

标准: 6小时内可能出现冰雹天气,并可能造成雹灾。

（二）冰雹红色预警信号

标准: 2小时内出现冰雹可能性极大,并可能造成重雹灾。

霜冻防御

一 什么是霜冻

霜是在温度低于 0 ℃时，近地面空气中的水汽直接凝华在地面或近地面物体上，形成白色结晶体的现象。常常出现在无云、静风或微风的夜晚和清晨。而霜冻是白天气温高于 0 ℃，而夜间气温骤降至 0 ℃以下的低温冻害现象，多出现在冬春、秋冬转换的季节。

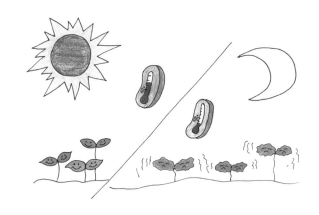

按照霜冻发生的时间，可以分成初霜冻和终霜冻。

在温暖季节向寒冷季节过渡时期发生的霜冻，称为初霜冻，又叫早霜冻；与之相反的，在寒冷季节向温暖季节过渡时期发生的霜冻，称为终霜冻，又叫晚霜冻。

　　气象学上，按照霜冻形成的原因，将其分成平流霜冻、辐射霜冻和平流辐射霜冻三种。

　　平流霜冻，又称为"风霜"，是由北方强冷空气入侵造成的；辐射霜冻，又称为"静霜"或"晴霜"，是在晴朗无风的夜晚，由于地面强烈辐射散热致使温度下降造成的；而最为常见的平流辐射霜冻则是由这两种气象条件共同作用造成的地面霜冻，又称"混合霜冻"。

并不是所有的霜冻出现时都伴有霜，如果近地面的空气中含水量少，温度下降到 0 ℃以下也没有霜形成，这样的霜冻为黑霜；反之为白霜。

我们根据霜冻日气温下降幅度和植物受灾后减产程度，将霜冻分成轻、中、重三级。受灾作物不超过 30%，只有植株顶端、叶尖或少部分叶片受冻，有些受冻部位可以恢复，粮食作物减产幅度在 5% 以内的情况为轻霜冻；受灾作物范围为 30% ～ 70%，植株上部大部分叶片受冻，幼苗被冻死，粮食作物减产幅度在 5% ～ 15% 的情况为中霜冻；若受灾作物范围超过 70%，植株冠层大部分叶片或幼苗被冻死，粮食作物减产幅度超过 15% 的情况为重霜冻。

二 霜冻有哪些危害

霜冻的主要危害对象是农作物，低温会造成喜温、常绿植物冻伤，早春作物生长受损，粮食作物大幅减产，果树不能正常开花结果等无法挽回的后果。我国各地都会发生霜冻灾害，影响范围非常广泛，一旦发生会造成严重的经济损失。

三 如何减轻霜冻危害

霜冻发生前，应将容易冻伤的植物搬移至温暖的室内，防止低温伤害。

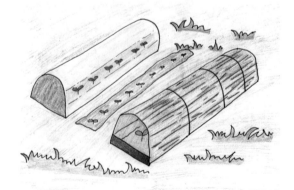

对于低矮农作物，防霜冻最普遍长效的方法是覆盖保温，也就是在农作物上覆盖一层地膜、稻草、秸秆、树叶、草木灰等物体，既可以减少地面热量散发，又能够防止冷空气侵袭。

小面积的园林植物，可以进行灌溉，利用水汽凝结释放热量以达到提高近地面空气温度的目的。

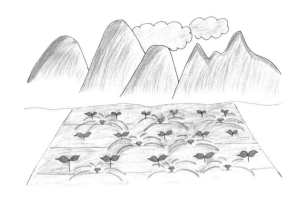

大面积种植的农作物常常用烟熏法预防霜冻灾害。这种方法是在霜冻来临前一小时之内，在上风处点燃柴草、赤磷、秸秆等可以产生烟尘的物质，或使用化学防霜冻烟幕弹，让烟雾笼盖近地面层，以阻挡地面热量消散，提高近地面层空气温度。

霜冻来临前3～4天，可以用半腐熟的有机肥做基肥，增强土壤吸热保暖性，使用暖性肥料壅胚林木，有明显的提高土温、防霜冻效果。

四 霜冻预警信号

霜冻预警信号分三级，分别以蓝色、黄色、橙色表示。

（一）霜冻蓝色预警信号

标准：48小时内地面最低温度将要下降到0℃以下，对农业将产生影响，或者已经降到0℃以下，对农业已经产生影响，并可能持续。

（二）霜冻黄色预警信号

标准：24小时内地面最低温度将要下降到-3℃以下，对农业将产生严重影响，或者已经降到-3℃以下，对农业已经产生严重影响，并可能持续。

（三）霜冻橙色预警信号

标准：24小时内地面最低温度将要下降到-5℃以下，对农业将产生严重影响，或者已经降到-5℃以下，对农业已经产生严重影响，并将持续。

雾的防御

一 什么是雾

当近地面空气中悬浮着大量的微小水滴或冰晶时，空气会呈现乳白色，使水平能见度下降到 1 千米以下，这种天气现象叫做雾。

根据水平能见度大小，将雾分为三个等级：能见度大于或等于 500 米且小于 1000 米时称为雾；能见度大于或等于 50 米且小于 500 米时称为浓雾；能见度小于 50 米时称为强浓雾。我们常说的，影响人类活动的大雾，是能见度不足 500 米的浓雾和强浓雾。

二 雾有哪些危害

雾的出现，大大降低了水平能见度，致使车辆行驶、飞机起降、轮船航行等活动受限，严重影响交通安全。我国每年大量的交通事故都是由雾、雨、雪等恶劣天气造成的。

大雾天气，空气的含水量充足，污染物与水汽结合后，更加不易扩散，一些有害物质甚至会加重其毒性。所以说，雾天空气污染表现得更加严重。

浓雾笼罩的情况下，空气中的污染物容易结合水汽而引起雾闪，造成电气设备短路、输电线路跳闸、电网断电等故障，影响人们的生产生活，造成严重损失。

微波通信及卫星通信信号也会因为受到大雾的影响而通信质量下降。

华北地区有时候会出现一种"臭雾"。这是由于东海的暖湿气流侵入陆地后，经过人口稠密的沿海地区，携带了许多杂质和病菌，散发出浓烈的臭味。长时间的浓雾遮挡太阳光线，空气也更加潮湿，不仅妨碍农作物进行光合作用，使其生长不良，影响农产品的产量和质量，还会携带杂质和病菌，附着在农作物表面，引起农作物病害。

太阳辐射很强的盛夏上午，地面蒸腾出的热气在没有良好扩散条件的情况下，会在近地面形成"火雾"。火雾的高温和高湿直接影响农作物植株生长和农产品品质。

大气污染严重的地区出现的雾会呈现明显的酸性，这种"酸雾"对农作物的危害程度甚至超过了酸雨，其危害极大。

现在，城市污染较为突出，空气中的烟尘、二氧化硫等有害污染物与水汽结合产生的浓雾，对城市建筑、露天雕塑等腐蚀较为严重。

三 大雾天气如何保护自己

大雾天气应该尽量避免外出活动，在室内时也要关闭门窗。冬季雾天还要注意防潮保暖，防止室内一氧化碳中毒事件发生。

由于能见度不足，雾天外出时要密切关注路况，服从交警指挥，注意交通安全。车辆行驶和路边临时停靠时必须打开前后雾灯，控制车速，减速慢行，保持车辆制动距离。

雾天出行要做好防护，戴上口罩。应该暂停室外锻炼，避免在雾中长时间停留。

四 大雾预警信号

大雾预警信号分三级，分别以黄色、橙色、红色表示。

（一）大雾黄色预警信号

标准：12小时内可能出现能见度小于500米的雾，或者已经出现能见度小于500米、大于或等于200米的雾并将持续。

（二）大雾橙色预警信号

标准：6小时内可能出现能见度小于200米的雾，或者已经出现能见度小于200米、大于或等于50米的雾并将持续。

（三）大雾红色预警信号

标准：2小时内可能出现能见度小于50米的雾，或者已经出现能见度小于50米的雾并将持续。

霾的防御

一 什么是霾

大量均匀悬浮在空中的干尘粒、盐粒、烟粒、硫酸粒子等极细微的大气颗粒物，使水平能见度低于10千米，这种使空气浑浊的大气现象叫做霾，部分地区也称之为灰霾、阴霾或大气棕色云。霾主要由气溶胶组成，能在一天中的任何时段出现，出现时空气相对湿度较小。在霾的作用下，远处的光亮物体呈黄、红色，而黑暗物体微带蓝色，污染严重地区的霾呈现出黄色或者橙灰色。

二 霾有哪些危害

霾使大气能见度降低，交通安全事故频发，严重影响公路、铁路、航空运输。

持续不散的霾天气使紫外线辐射减弱，不利于空气中污染物扩散，会增强病菌活性，造成传染性疾病传播。

组成霾的细微颗粒成分十分复杂，其中危害人体健康的主要是直径小于10微米的粒子，特别是直径小于2.5微米的粒子（$PM_{2.5}$）会引起呼吸道感染、鼻炎、哮喘、过敏性疾病等多种疾病。长期处于这种环境还容易使人精神懒散、悲观失落，对身心健康极其不利。

三 霾天气如何保护自己

霾天气要关闭门窗，建议易感人群使用可以有效去除 $PM_{2.5}$ 的空气净化器改善室内空气质量。尽可能减少外出活动，出门时要佩戴专业防护口罩。外出归来后应立即洗手、洗脸、漱口，做好自我防护。

霾天气外出时要遵守交通规则，特别注意交通安全。出行应少驾驶车辆，尽量低碳出行。工矿企业应遵守环境保护规定，减少大气污染物排放。

四 霾预警信号

霾预警信号分为三级，分别以黄色、橙色和红色表示。

（一）霾黄色预警信号

标准：预计未来 24 小时内可能出现下列条件之一并将持续或实况已达到下列条件之一并可能持续：

（1）能见度小于 3000 米且相对湿度小于 80% 的霾。

（2）能见度小于 3000 米且相对湿度大于或等于 80%，$PM_{2.5}$ 浓度大于 115 微克 / 立方米且小于或等于 150 微克 / 立方米。

（3）能见度小于 5000 米，$PM_{2.5}$ 浓度大于 150 微克 / 立方米且小于或等于 250 微克 / 立方米。

（二）霾橙色预警信号

标准：预计未来 24 小时内可能出现下列条件之一并将持续或实况已达到下列条件之一并可能持续：

（1）能见度小于 2000 米且相对湿度小于 80% 的霾。

（2）能见度小于 2000 米且相对湿度大于或等于 80%，$PM_{2.5}$ 浓度大于 150 微克 / 立方米且小于或等于 250 微克 / 立方米。

（3）能见度小于 5000 米，$PM_{2.5}$ 浓度大于 250 微克 / 立方米且小于或等于 500 微克 / 立方米。

（三）霾红色预警信号

标准：预计未来 24 小时内可能出现下列条件之一并将持续或实况已达到下列条件之一并可能持续：

（1）能见度小于 1000 米且相对湿度小于 80% 的霾。

（2）能见度小于 1000 米且相对湿度大于或等于 80%，$PM_{2.5}$ 浓度大于 250 微克 / 立方米且小于或等于 500 微克 / 立方米。

（3）能见度小于 5000 米，$PM_{2.5}$ 浓度大于 500 微克 / 立方米。

台风防御

一 什么是台风

热带气旋是生成于热带或副热带洋面上，具有有组织的对流和确定的气旋性环流的非锋面性涡旋的统称，当其底层中心附近最大平均风力为 12 级或 12 级以上时，我国称之为台风。

台风常伴随狂风、暴雨和风暴潮，是对我国沿海地区，特别是南部沿海地区，造成巨大损失的一种气象灾害。

热带气旋在不同的发生地点，有着不同的名字。在中国、菲律宾、日本等国家所处的西北太平洋和南海区域发生的热带气旋称作台风；而在美国所处的大西洋或北太平洋东部发生的热带气旋则被称为飓风；如果在南半球，就叫作旋风。最大风力在 8 级以下的热带气旋称为热带低压。

台风是一个深厚的低气压系统，它的中心气压很低，低层有显著的向中心辐合的气流，顶部气流主要向外辐散。如果从水平方向把台风切开，可以看到有明显不同的三个区域，从中心向外依次为："世外桃源"——台风眼区、"狂风暴雨"——云墙区、"阵雨大风"——螺旋雨带区。

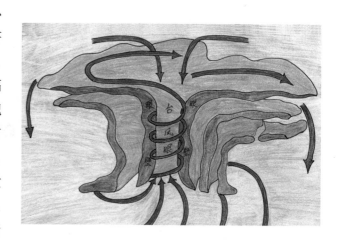

二 台风会带来哪些危害

台风中心附近的风速常常为40～50米/秒，有时甚至达到100米/秒。这样的风力足以在海上掀起巨浪，将陆地上的树木、建筑、车辆等摧毁。

台风经过时除了狂风大作，常常伴随暴雨，有很强的破坏力。一般会出现150～300毫米的强对流性、阵性降水，少数台风能带来1000毫米以上的特大暴雨，给人民财产安全造成极大损害。

台风还会引起海面异常显著的升降现象。这种由台风引起的风暴潮被称为气象海啸或风暴海啸。台风中心引起海水波涛汹涌、海面升降，纵深甚至能达到200千米。更可怕的是，巨浪以50千米/小时以上的速度快速前进，接近海岸线时波涛虽然只有6～10米高，但威力却极大，足以使所过路径上的一切荡然无存。

三 如何防范台风灾害

学校及幼儿园必要时应停课。露天集体活动或室内大型集会应及时取消，停止户外作业，同时切断危险部位电源。妥善安置室外物品。

处于危旧房屋及可能受淹的低洼地区的群众应及时转移至安全地方。

台风来临时，尽量不要外出。在室内要关好门窗，并用宽胶带以"米"字形粘牢窗玻璃。检查电路、燃气等设施安全，并及时断开电源、燃气线路。

如果在室外，不能游泳或从事水上作业。千万不要在帐篷、电话亭等临时搭建物、广告牌、大树附近避雨，以防被砸伤。特别不要在山顶和高地停留。

117

正在开车的人应立即将车开到地下停车场或其他避风处。在帐篷、草屋等临时搭建物中的人员，应立即撤离到坚固结实的房屋中避风避雨。如台风伴随雷电现象，应采取相应的防雷措施。

船舶应听从指挥，立即到避风场所避风。加固港口设施，防止船舶走锚、搁浅和碰撞。

船只在海上遇到台风不幸陷入台风范围内时，应尽快设法驶出台风移动方向右侧的危险半圆区。台风路径随时可能改变，应根据最新的台风信息，主动采取应急措施，及时修正航行方向。

四 台风预警信号

台风预警信号分四级，分别以蓝色、黄色、橙色和红色表示。

（一）台风蓝色预警信号

标准：24 小时内可能或者已经受热带气旋影响，沿海或者陆地平均风力达 6 级以上，或者阵风 8 级以上并可能持续。

（二）台风黄色预警信号

标准：24 小时内可能或者已经受热带气旋影响，沿海或者陆地平均风力达 8 级以上，或者阵风 10 级以上并可能持续。

（三）台风橙色预警信号

标准：12 小时内可能或者已经受热带气旋影响，沿海或者陆地平均风力达 10 级以上，或者阵风 12 级以上并可能持续。

（四）台风红色预警信号

标准：6 小时内可能或者已经受热带气旋影响，沿海或者陆地平均风力达 12 级以上，或者阵风达 14 级以上并可能持续。